河合塾
SERIES

入試精選問題集

理系数学の
良問プラチカ

数学 Ⅰ・A・Ⅱ・B・C 四訂版

問 題 編

河合出版

河合塾
SERIES

入試精選問題集

理系数学の
良問プラチカ

数学 I・A・II・B・C 四訂版

問題編

河合出版

は じ め に

　この問題集は，国公私立大学の理系学部の合格を目指す諸君が，大学入試の数学Ⅰ，Ⅱ，Ａ，Ｂ，Ｃ の各分野で頻出するテーマを，夏以降から受験までの短期間で学習できるように，質・量を考慮して作られています．

　採り上げた問題は，すべて最近の大学入試で出題された問題ですが，そのほとんどは文字や数値を変えて今回出題された大学以外の，他の多くの大学でも出題されています．そして，これからも多くの大学で出題されるはずです．

　また，難問や解答に奇抜な考え方をするものはあえて採用していません．大学入試で合格するためには必ずしも難問ばかりが解ける必要はなく，基本（＝典型）的な問題や，頻出の標準的な問題が，いかに確実に得点できるかが合否の鍵となります．

　大学入試では不得手な分野が一つでもあると合格への大きな障害となります．本書で採り上げた問題を，一題一題丁寧に解き，そこで扱われている内容を十分理解することで，苦手分野を一掃しましょう．

　この問題集を完全にものにすることができたら，あとは自分の受験予定の大学の過去の入試問題〔5年分〕を解きましょう．志望大学の出題傾向を知り，その傾向に合わせて重点的に学習すれば，必ず合格点が取れる実力が身につくはずです．

　4頁に，**近年の入試出題傾向と対策**を記してあります．ぜひ学習を進める際に参考にして，がんばってください．

"扉は，それをたたく者の前に開かれる"

著者より

目 次

近年の入試出題傾向と対策

数学 Ⅰ, Ⅱ, A, B, C 対策は数学Ⅱを中心におき, 数学 A, B, C は それぞれの主要分野の頻出問題の重点学習がオススメ

　近年の国公立大の 2 次試験および私立大の一般入試において, 理系学部の数学 Ⅰ, Ⅱ, A, B, C の範囲で高い頻度で出題されるのは, 数学Ⅱの全分野および数学 A の「場合の数と確率」, 数学 B の「数列」, 数学 C の「ベクトル」である.

数学Ⅰ　「数と式」,「2次関数」は単独で出題されるよりは, 変数を置き換えることにより 2 次関数や 2 次方程式・不等式に帰着させる他分野との融合問題としての出題が多数を占める.

　また,「図形と計量」は出題数としては他分野に比べ少なく, 出題されてもほとんどが定型的な問題である.

　したがって, 数学Ⅰについては, これらの分野の基本的な考え方・公式を含む典型的な問題を数題学習することで十分といえよう.

数学Ⅱ　「いろいろな式」では, 因数定理, 2 次・3 次方程式の解と係数の関係および相加平均・相乗平均の大小関係が使えればよい.

　「図形と方程式」では "円と直線に関する単純な問題" の出題も相変わらず多いが, この分野は他分野との融合の形で出題されることが多いので学習を進める場合には, " 2 次方程式・不等式との融合的な軌跡, および領域の問題" を十分練習しておくことが応用力を身につけるという点からも効果的である.

　「三角関数」,「指数関数・対数関数」については, "方程式や不等式", "関数の最大・最小" といった比較的単純な問題を数多く解くことにより, 公式を正確に速く使える計算力を養うことが第一で, 数学Ⅲまで必要な受験生にとって最重要な分野の1つである.

　「微分・積分の考え」では, 数学Ⅲを学習するに当たっての基礎となる考え方が扱われている.「微分の考え」では "曲線の接線", "関数の増減と極値",

　"方程式の実数解の存在条件および実数解の個数" に関する問題,「積分の考え」

では"放物線に関係する図形の面積"を求める問題が相変わらず圧倒的に数多く出題されているが，その多くは定型的な問題である．この分野の学習を進める上での課題は，確実で要領のよい計算力を身につけることである．

「数学 A，B，C」はそれぞれのテキストで扱われている 3 分野の中の 1 分野を重点的に学習するだけで良い．ただし，「数学C」に限っては少し補足が必要である．

数学A 「場合の数と確率」
共通テストと同内容である場合の数の数え上げをもとにした確率の問題の出題も多いが，整数や数列の分野との融合問題のような共通テストでは扱われない型の問題も多く出題されるので，融合的な問題を中心に学習を進めよう．

数学B 「数列」
単に漸化式で定まる数列の一般項や和を求めるだけでなく，等式や不等式の数学的帰納法による証明や，整数，図形，確率などの他の分野との融合問題として出題されることも多い．さらに，数学Ⅲの"数列の極限"，"無限級数"へとつながっていく大変出題頻度の高い分野である．したがって，ここは十分時間をかけて練習する必要がある．

数学C 「ベクトル」
高校数学で扱われる図形分野は「数学 A の図形の性質」，「数学Ⅱの図形と方程式」，「数学 C のベクトル」の 3 分野であるが，国公立大の 2 次試験および私立大の一般入試において単独分野として最も多く出題されているのは「数学 C のベクトル」である．

この分野では，"平面上の点が与えられた直線上にある条件や空間内の点が与えられた平面上にある条件からベクトルを決定する問題"，および"ベクトルの内積を含む図形問題"の出題が目立つ．

「**平面ベクトル**」では，三角関数を媒介変数とする円についての問題や，点の軌跡，領域などの「数学Ⅱの図形と方程式」との融合問題，「**空間ベクトル**」では座標空間での直線，平面のベクトル方程式を考える問題などかなりレベルの高い内容まで扱われている．この分野で学習を進めるポイントはいろいろな出題パ

ターンの問題を解いてみることである.

　数学Ⅲが必要な理系生は「数学 C」においては「ベクトル」とともに「平面上の曲線と複素数平面」を学習しておく必要がある．特に, 2 次曲線（放物線, 楕円, 双曲線）については，その方程式および形状を理解すること，複素数平面については，ド・モアブルの定理および平面上の定点を中心とする回転移動の考え方は必ずマスターしておきたい.

　近年の国公立大 2 次試験や私立大入試の数学では，単独分野からの出題だけでなく, 2〜3分野を融合した応用的な問題の出題も多い．そのための対策としては，数学Ⅱを中心に学習を進め，「確率」,「数列」,「ベクトル」の頻出問題を解いていくことが，入試に向けての効率の良い学習法であろう.

本書の構成と活用の仕方

この問題集を書くにあたって留意した点，および本書の使い方について，いくつかの注意点を記しておきます．

❶ 問題は全部で165 題あります．一口に，国公私立大学の理系学部に合格するのが目的といっても，大学・学部によって出題される問題のレベル，および合格に必要な学力は千差万別であり，1 冊の問題集ですべての大学・学部の数学の入試問題に対応するには無理があります．

　そこで，本書では，数学 I, II，A, B, C の各分野で一通り学習しておきたい内容を含んだ問題135 題と，これらの内容のうち特に重要と思われるものについてのやや応用的な問題を30題，合計165 題を取り上げました．応用的な問題については，問題番号の右肩に＊印をつけてあります．

　まず，無印の135 題を解いてください．時間に余裕のある受験生および難関大学・学部を目指す諸君は是非＊印の30 題にチャレンジしましょう．

❷ 問題の配列については，原則として数学 I, II，A, B, C の順で高等学校の教科書の章に沿って，基本的な単一テーマの問題から，いくつかのテーマの融合された応用的な問題へ進むように配置してあります．

　入試では，複数の分野が融合された問題が出題されることも多いので，必ずしも高校での学習順に並んでいない問題もあります．

　高校で，すでに，一通り学習を済ませている諸君は，どの分野から解き始めても構いません．

❸ いくつかの問題に対しては，【解答】の前に，解法の糸口用に，ヒントとしての 解法のポイント を載せてあります．

❹ 【解答】は着想が自然で，同じテーマの問題に対して，適応範囲の広い一般性のあるものを第一とし，他にも方法がある場合は，［別解］として【解答】の後で取り上げました．

❺ 【解答】は，答案作成の手本のつもりで書いてあるので，なぜこのような解答に至るのかという考え方までは触れてありません．したがって，解答中で考え方の難しい部分に対しては【解答】の後に 解説 として，少し詳しく説明を加えてあります．また，【解答】は丁寧に書かれていますが，解答時間に制限のある入試本番では，ここまで書かなくてもほぼ満点に近い点が与えられるはずです．

ただし，入試の採点においては最終結論だけでなく，それに至る論理的な思考過程およびそれを他人に説明できる能力が評価されますから，説得力のある答案を作成するように，日頃から心がけてください．

❻ 本書では，解答編にできるだけ多くの図・グラフを載せてあります．答案を採点する際，長い説明よりわかりやすい図，グラフの方が採点者には好印象を与えます．普段から，積極的に図を描く練習を積みましょう．

❼ 問題を解くにあたっては，すぐに解答が思い浮かばない場合でも10分間は考えてください．10分間経っても手が出ない時は， 解法のポイント を見て，さらに 10 分間考えてください．20分間を使っても解けない場合は【解答】を読んでください．20分間も考えても解けないような問題は，自分の弱点分野ですから，こういう問題こそ【解答】 解説 を参考にしながら，次に出た時には解けるように確実に克服しておくことがとても大切です．

❽【解答】中に何度も現れる記号"$\Longleftrightarrow$"は論理記号で，命題 A，B に対し，"$A \Longleftrightarrow B$"は A と B とが同値であることを意味しています．

　最後に，本書を使ったオススメの学習例を書いておくので，ぜひ試してほしい．

〈オススメの学習例〉

①まず，本書の特徴である，【解答】［別解］を上手に活用し，**解法パターンの種類をとりあえず覚える**．

②**次に，問題を実際に自分の手を動かし，解く**．その際，自分に合った，速く，正確に，解くパターンを身につける．

③最後に，「最近の入試出題傾向と対策」で触れたように，**ポイントを置いた重点学習で，類題をどんどん解く**．

大石 隆司

第 1 章 | 2 次関数

1. 2 次関数 $f(x)=ax^2-2ax+b$ (a, b は定数) は区間 $0 \leqq x \leqq 3$ における最大値が 3, 最小値が -5 である. このとき, a, b の値の組をすべて求めよ.

(名城大)

2. a を定数とするとき, 2 次関数 $y=x^2-2ax+2a^2$ について

(1) 区間 $0 \leqq x \leqq 2$ におけるこの関数の最大値と最小値を求めよ.

(2) 区間 $0 \leqq x \leqq 2$ におけるこの関数の最小値が 20 であるとき, a の値を求めよ.

(宇都宮大)

3. (1) a は実数の定数とする. 2 次関数 $f(x)=2x^2-4ax+a+1$ が $x \geqq 0$ においてつねに $f(x)>0$ を満たすような, a の値の範囲を求めよ.

(2) $0 \leqq x \leqq 2$ を満たすすべての実数 x に対して, $x^2-2ax+a-3 \leqq 0$ が成り立つような定数 a の値の範囲を求めよ.

(秋田大, 千葉工業大)

4. x についての 2 次不等式 $x^2-(a+1)x+a<0$, $3x^2+2x-1>0$ を同時に満たす整数 x がちょうど 3 つ存在するように定数 a の値の範囲を定めよ.

(摂南大)

5. a を定数とし，2 次不等式 $(x-a^2)(x+a-2)\leqq0$ …① を考える．

(1)　①を満たす x がただ 1 つ存在するように a の値を定めよ．

(2)　①の解が $1\leqq x\leqq3$ となるように a の値を定めよ．

(3)　$1\leqq x\leqq3$ ならばつねに①が成り立つような a の値の範囲を求めよ．

（東北学院大）

6. 2 次方程式 $mx^2-x-2=0$ の 2 つの実数解が，それぞれ以下のようになるための m の条件を求めよ．

(1)　2 つの解がともに -1 より大きい．

(2)　1 つの解は 1 より大きく，他の解は 1 より小さい．

(3)　2 つの解の絶対値がともに 1 より小さい．

（岐阜大）

7. $-2\leqq x\leqq2$ の範囲で，関数 $f(x)=x^2+2x-2$，$g(x)=-x^2+2x+a+1$ について，次の命題が成り立つような a の値の範囲をそれぞれ求めよ．

(1)　すべての x に対して，$f(x)<g(x)$．

(2)　ある x に対して，$f(x)<g(x)$．

(3)　すべての組 x_1，x_2 に対して，$f(x_1)<g(x_2)$．

(4)　ある組 x_1，x_2 に対して，$f(x_1)<g(x_2)$．

（大阪教育大）

8. * x についての 2 次方程式 $x^2+(2t+k+1)x+(kt+6)=0$ を考える．

この 2 次方程式が，$-1\leqq t\leqq1$ となるすべての t に対して実数解をもつための k の値の範囲を求めよ．また，この 2 次方程式が，$-1\leqq t\leqq1$ となる少なくとも 1 つの t に対して実数解をもつための k の値の範囲を求めよ．

（東京理科大）

第2章 数と式

9. a, b は実数とする．以下の $^{\mathcal{P}}\boxed{}$ ～ $^{\mathcal{B}}\boxed{}$ に入る正しい答を(A)～(D)から選べ．

- (A) 必要条件であるが十分条件ではない．
- (B) 十分条件であるが必要条件ではない．
- (C) 必要十分条件である．
- (D) 必要条件でも十分条件でもない．

(1) $a^2>16$ であることは，$a>6$ であるための $^{\mathcal{P}}\boxed{}$．

(2) $a>b$ であることは，$a^3>b^3$ であるための $^{\mathcal{A}}\boxed{}$．

(3) $a<0$ または $b<0$ であることは，$ab<0$ であることの $^{\mathcal{P}}\boxed{}$．

(4) a と b がともに有理数であることは，$a+b$ と ab がともに有理数であるための $^{\mathcal{I}}\boxed{}$．

(5) a と b がともに無理数であることは，$a+b$ と ab がともに無理数であるための $^{\mathcal{I}}\boxed{}$．

(6) $a^2+b^2<2$ であることは，$|a|+|b|<3$ であるための $^{\mathcal{D}}\boxed{}$．

（駒澤大・慶應義塾大）

10. 不等式 $x^2+y^2+z^2\geqq ax(y-z)$ がすべての実数 x, y, z に対して成り立つように，実数 a の値の範囲を定めよ．

（茨城大）

11. $x\geqq0$, $y\geqq0$ とし，不等式 $c(x+y)\geqq2\sqrt{xy}$ …① を考える．ただし，c は正の定数である．

(1) $c\geqq1$ のとき，①はつねに成り立つことを示せ．

(2) ①がつねに成り立てば，$c\geqq1$ であることを示せ．

(3) $\sqrt{x}+\sqrt{y}\leqq k\sqrt{x+y}$ がつねに成り立つような正の定数 k のうちで，最小なものはいくらか．

（東北学院大）

12. $\dfrac{1}{x}+\dfrac{1}{y}\leqq\dfrac{1}{2}$, $x>2$, $y>2$ のとき $2x+y$ の最小値を求めよ.

（早稲田大）

13. x, y, z を $x<y<z$ なる自然数とする. $\dfrac{1}{x}+\dfrac{1}{y}+\dfrac{1}{z}=\dfrac{1}{2}$ を満たす x, y, z の組 (x, y, z) の中で, x が最大となる組をすべて求めよ.

（信州大）

14. a, b, c を整数とする. このとき, 次のことを示せ.
 (1) a^2 を 3 で割ると余りは 0 または 1 である.
 (2) a^2+b^2 が 3 の倍数ならば, a, b はともに 3 の倍数である.
 (3) $a^2+b^2=c^2$ ならば, a, b のうち少なくとも 1 つは 3 の倍数である.

（京都教育大）

15. * $f(n)=\dfrac{1}{6}n^3+an^2+bn$ とおく. 定数 a, b は $0\leqq a<1$, $0\leqq b<1$ を満たし, $f(-1)$, $f(1)$ はともに整数であるとする.
 (1) 上の条件を満たす (a, b) の組をすべて求めよ.
 (2) すべての整数 n に対して $f(n)$ は整数であることを示せ.

（愛媛大）

16. n を奇数とする. 次の問に答えよ.
 (1) n^2-1 は 8 の倍数であることを証明せよ.
 (2) n^5-n は 3 の倍数であることを証明せよ.
 (3) n^5-n は 120 の倍数であることを証明せよ.

（千葉大）

17. 自然数 n について，以下の問に答えよ．

(1) 恒等式 $(n^2+1)-(n+2)(n-2)=5$ を利用して，$n+2$ と n^2+1 の公約数は 1 または 5 に限ることを示せ．

(2) (1)を用いて，$n+2$ と n^2+1 が 1 以外に公約数をもつような自然数 n をすべて求めよ．

(3) (1)，(2)を参考にして，$2n+1$ と n^2+1 が 1 以外に公約数をもつような自然数 n をすべて求めよ．

（神戸大）

18. (1) n を自然数とする．n, $n+2$, $n+4$ がすべて素数であるのは $n=3$ の場合だけであることを示せ． （早稲田大）

(2) n を 2 以上の自然数とするとき，n^4+4 は素数にならないことを示せ．

（宮崎大）

19. [*] 次の問に答えよ．

(1) $n^3+1=p$ を満たす自然数 n と素数 p の組をすべて求めよ．

(2) $n^3+1=p^2$ を満たす自然数 n と素数 p の組をすべて求めよ．

(3) $n^3+1=p^3$ を満たす自然数 n と素数 p の組は存在しないことを証明せよ．

（島根大）

20. 整式 $P(x)$ を $(x-1)^2$ で割ったときの余りが $4x-5$ で，$x+2$ で割ったときの余りが -4 である．

(1) $P(x)$ を $x-1$ で割ったときの余りを求めよ．

(2) $P(x)$ を $(x-1)(x+2)$ で割ったときの余りを求めよ．

(3) $P(x)$ を $(x-1)^2(x+2)$ で割ったときの余りを求めよ．

（山形大）

21. 整式 $f(x)$ について，恒等式 $f(x^2)=x^3f(x+1)-2x^4+2x^2$ が成り立つとする．

(1) $f(0)$, $f(1)$, $f(2)$ の値を求めよ．

(2) $f(x)$ の次数を求めよ．

(3) $f(x)$ を決定せよ．

（東京都立大）

22. 複素数 $1+i$ を 1 つの解とする実数係数の 3 次方程式
$$x^3+ax^2+bx+c=0 \qquad \cdots (*)$$
について次の問に答えよ．

(1) 方程式 $(*)$ の実数解を a を用いて表せ．

(2) 方程式 $(*)$ と 2 次方程式 $x^2-bx+3=0$ がただ 1 つの解を共有するとき，a, b, c の値を求めよ．

（静岡大）

23. a, b, c を奇数とする．x についての 2 次方程式 $ax^2+bx+c=0$ に関して

(1) この 2 次方程式が有理数の解 $\dfrac{q}{p}$ をもつならば，p と q はともに奇数であることを背理法で証明せよ．ただし，$\dfrac{q}{p}$ は既約分数とする．

(2) この 2 次方程式が有理数の解をもたないことを(1)を利用して証明せよ．

（鹿児島大）

24. (1) a, b, c を整数とする．x に関する 3 次方程式 $x^3+ax^2+bx+c=0$ が有理数の解をもつならば，その解は整数であることを示せ．ただし，正の有理数は 1 以外の公約数をもたない 2 つの自然数 m, n を用いて $\dfrac{n}{m}$ と表せることを用いよ．

(2) 方程式 $x^3+2x^2+2=0$ は，有理数の解をもたないことを背理法を用いて示せ．

（神戸大）

第3章 | 図形と計量

25. 三角形 ABC の3辺の長さを
$$AB=3, \quad BC=7, \quad CA=5$$
とする．∠A，∠B，∠C の大きさをそれぞれ A，B，C で表すとき，

(1) A の値を求めよ．

(2) ∠A の二等分線が線分 BC と交わる点を D とするとき，線分 AD の長さを求めよ．

(3) 三角形 ABC の内接円の中心を E とするとき，内接円の面積および線分 ED の長さを求めよ．

（摂南大）

26. 円に内接する四角形 ABCD において，AB=2，BC=3，CD=4，DA=5 であるとき，次の問に答えよ．

(1) ∠CDA$=\theta$ とするとき，$\cos\theta$ と $\sin\theta$ の値をそれぞれ求めよ．

(2) 四角形 ABCD の面積を求めよ．

（東北学院大）

27. 三角形 ABC において，AB=6，AC=7，BC=5 とする．点 D を辺 AB 上に，点 E を辺 AC 上にとり，三角形 ADE の面積が三角形 ABC の面積の $\dfrac{1}{3}$ となるようにする．辺 DE の長さの最小値と，そのときの辺 AD，辺 AE の長さを求めよ．

（岐阜大）

28. 次の等式を満たす三角形 ABC の形状をいえ.

(1) $\sin A = 2\cos B \sin C$.

(2) $\sin C(\cos A + \cos B) = \sin A + \sin B$.

（東京理科大）

29. 三角形 ABC の辺 BC を $4:3$ に内分する点を T とし，点 T を接点として辺 BC に接する円が点 A で辺 AC とも接しているとする．AB＝10，AC＝6，円と辺 AB との交点を D として，次の問に答えよ.

(1) BC の長さおよび $\angle$BAC の大きさを求めよ.

(2) 三角形 ATC の面積を求めよ.

(3) AD の長さを求めよ.

(4) この円の半径 r を求めよ.

（関東学院大）

第4章 | 図形と方程式

30. △ABC の重心を G とする．頂点 A の座標は (2, 8) で，直線 GB，直線 GC の方程式は，それぞれ $13x-12y=0$，$x-9y+35=0$ である．このとき，点 B，C，G の座標を求めよ．

（福島大）

31. 直線 $l_1 : 2x-3y+9=0$ に関して点 A (1, 8) と対称な点を B とし，直線 l_2 に関して B と対称な点を C とする．C の座標が (3, −4) のとき，次の問に答えよ．

(1) 点 B の座標を求めよ．

(2) 直線 l_2 の方程式を求めよ．

(3) l_1 と l_2 のなす角を $\theta (0°<\theta<90°)$ とするとき，$\tan\theta$ の値を求めよ．

（東北学院大）

32. *座標平面上に定点 A (a, a) がある．ただし，$a>0$ とする．

(1) 直線 $y=2x$ に関して点 A と対称となる点 B の座標を求めよ．

(2) 直線 $y=\dfrac{1}{2}x$ に関して点 A と対称となる点 C の座標を求めよ．

(3) 点 P は直線 $y=2x$ 上に，点 Q は直線 $y=\dfrac{1}{2}x$ 上にあり，3 点 A，P，Q は同一直線上にないとする．

このとき，三角形 APQ の周の長さを最小にする点 P と Q の座標を求めよ．

（大阪工業大）

33. 3 直線 $l_1 : x-y+2=0$, $l_2 : x+y-14=0$, $l_3 : 7x-y-10=0$ で囲まれる三角形に内接する円の方程式を求めよ.

（東京都立大）

34. 平面上の 3 点 O$(0,\ 0)$, A$(4,\ 8)$, B$(-2,\ 11)$ について, 次の問に答えよ.

(1)　点 B を通って, △OAB の面積を 2 等分する直線の方程式を求めよ.

(2)　点 P$(1,\ 2)$ を通って, △OAB の面積を 2 等分する直線の方程式を求めよ.

(3)　3 点 O, A, B を通る円の方程式を求めよ.

（群馬大）

35. 円 $C : x^2+y^2-4x-2y+3=0$ と直線 $l : y=-x+k$ が異なる 2 点で交わるような k の値の範囲を求めよ. また, l が C によって切り取られてできる線分の長さが 2 となるとき, k の値を求めよ.

（名城大）

36. $^*xy$ 平面上に, 原点 O を中心とする半径 1 の円 C_1 と, 点 A$(3,\ 0)$ を中心とする半径 1 の円 C_2 がある. 円 C_1 上の点 P$(s,\ t)$ における接線を l とする. 直線 l と円 C_2 が相異なる 2 点 Q, R で交わるものとする. このとき, 次の問に答えよ.

(1)　直線 l の方程式を $s,\ t$ を用いて表せ.

(2)　s のとり得る値の範囲を求めよ.

(3)　弦 QR の長さを s を用いて表せ.

(4)　QR$=\sqrt{3}$ となるときの点 P の座標を求めよ.

（岩手大）

37. 座標平面において，円 $C_1 : x^2 + y^2 = 4$ 上の点 $P(1, \sqrt{3})$ における接線を l とし，l と x 軸との交点を Q とする．

(1) 点 Q の座標を求めよ．

(2) 点 $(2, 0)$ を中心とし，直線 l に接する円 C_2 の方程式を求めよ．

(3) 円 C_1 と(2)で求めた円 C_2 の 2 つの交点と点 Q を通る円の方程式を求めよ．

（宮崎大）

38. 円 $C_1 : x^2 + y^2 = 1$ と円 $C_2 : (x-2)^2 + (y-4)^2 = 5$ に点 P から接線を引く．P から C_1 の接点までの距離と C_2 の接点までの距離との比が $1 : 2$ になるとする．このとき，P の軌跡を求めよ．

（熊本大）

39. 放物線 $y = x^2$ と直線 $y = m(x+2)$ が異なる 2 点 A，B で交わっている．

(1) 定数 m の値の範囲を求めよ．

(2) m の値が変化するとき，線分 AB の中点の軌跡を求めよ．

（東北福祉大）

40. 座標平面上の原点 O と異なる点 P に対し，直線 OP 上に $OP \cdot OQ = 1$ となるように点 Q をとる．ただし，P と Q は O に関し同じ側にあるものとする．

(1) P，Q の座標をそれぞれ (x, y)，(X, Y) とするとき，x と y をそれぞれ X と Y で表せ．

(2) P が直線 $l : 3x + 4y = 5$ 上を動くとき，点 Q の軌跡を求めよ．

（東北学院大）

41. * xy 平面において直線 $l : x+t(y-3)=0,\ m : tx-(y+3)=0$ を考える（ただし，t は実数）.

   (1)　l は t の値にかかわりなくある定点を通ることを示せ.

   (2)　t が実数全体を動くとき，l と m との交点はどんな図形を描くか.

（岐阜大）

42. 3つの不等式

$$x+y \leqq 1,\ x^2+y^2 \leqq 1,\ y \geqq 0$$

を同時に満たす点 $(x,\ y)$ 全体からなる領域を D とする.

   (1)　領域 D を図示せよ.

   (2)　点 $(x,\ y)$ が領域 D を動くとき，$2x-y$ の最大値と最小値を求めよ.

   (3)　定数 k がどのような値をとっても，直線 $(k-1)x-3y+4k-4=0$ はある点を通る. この点の座標を求めよ.

   (4)　直線 $(k-1)x-3y+4k-4=0$ が領域 D と共有点をもつような，k の値の範囲を求めよ.

（甲南大）

43. * 不等式 $x \geqq 0,\ y \geqq 0,\ x+3y \leqq 15,\ x+y \leqq 8,\ 2x+y \leqq 10$ を満たす座標平面上の点 $(x,\ y)$ 全体からなる領域を D とする.

   (1)　領域 D を図示せよ.

   (2)　点 $(x,\ y)$ がこの領域 D 内を動くとき，$3x+2y$ の最大値を求めよ.

   (3)　a を実数とする，点 $(x,\ y)$ が領域 D 内を動くとき，$ax+y$ の最大値を求めよ.

（京都教育大）

44. * 座標平面上の点 $(p,\ q)$ は $x^2+y^2 \leqq 8,\ y \geqq 0$ で表される領域を動く. 点 $(p+q,\ pq)$ の動く範囲を図示せよ.

（関西大）

45. xy 平面上の2点 $(t,\ t)$, $(t-1,\ 1-t)$ を通る直線を l_t とする．次の問に答えよ．

(1) l_t の方程式を求めよ．

(2) t が $0 \leqq t \leqq 1$ を動くとき，l_t の通り得る範囲を図示せよ．

（京都産業大）

第 5 章 ｜ 三角関数

46. (1)　不等式 $\sin x > \sqrt{\cos x + \cos^2 x}$ を解け．ただし，$0 < x < 2\pi$ とする．

（中央大）

(2)　不等式 $\cos 2x - (2 - \sqrt{3})\sin x + \sqrt{3} - 1 \leqq 0$ $(0 \leqq x < 2\pi)$ を解け．

（大阪女子大）

47. $0 < x < \dfrac{\pi}{4}$ を満たすすべての x に対し，不等式

$$\sin 3x + t \sin 2x > 0$$

が成り立っているとする．このとき t の値の範囲を求めよ．　　（名古屋大）

48. すべての x に対して，$\cos(x + \alpha) + \sin(x + \beta) + \sqrt{2}\cos x$ が一定になるような α, β を求めよ．ただし，$0 < \alpha < 2\pi$, $0 < \beta < 2\pi$ とする．

（岐阜大）

49. 放物線 $y = x^2$ 上の 2 点 $P(p, p^2)$, $Q(q, q^2)$ における接線をそれぞれ l, m とし，l と m の交点を R とする．ただし，$p < q$ とする．$\angle PRQ$ を θ とおくとき，次の問に答えよ．

(1)　点 R の座標を p, q を用いて表せ．

(2)　$\tan\theta$ を p, q を用いて表せ．

(3)　点 R が直線 $y = -2$ 上を動くとき，$\tan\theta$ の最小値を求めよ．

（秋田大）

50. 関数 $f(\theta) = \sin 2\theta + 2(\sin\theta + \cos\theta) - 1$ を考える．ただし，$0 \leqq \theta \leqq \pi$ とする．次の問に答えよ．

(1)　$t = \sin\theta + \cos\theta$ とおくとき，$f(\theta)$ を t の式で表せ．

(2)　t のとり得る値の範囲を求めよ．

(3)　$f(\theta)$ の最大値，最小値を求め，そのときの θ の値を求めよ．　（秋田大）

51. * 関数 $f(\theta)=a(\sqrt{3}\sin\theta+\cos\theta)+\sin\theta(\sin\theta+\sqrt{3}\cos\theta)$ について，次の問に答えよ．ただし，$0\leq\theta\leq\pi$ とする．

(1) $t=\sqrt{3}\sin\theta+\cos\theta$ のグラフをかけ．

(2) $\sin\theta(\sin\theta+\sqrt{3}\cos\theta)$ を t を用いて表せ．

(3) 方程式 $f(\theta)=0$ が相異なる 3 つの解をもつときの a の値の範囲を求めよ．

（島根大）

52. a を実数とし，θ に関する方程式

$$2\cos 2\theta+2\cos\theta+a=0$$

について，

(1) $t=\cos\theta$ として，この方程式を t と a を用いて表せ．

(2) この方程式が解 θ を，$0\leq\theta<2\pi$ の範囲で 4 つもつための，a のとり得る値の範囲を求めよ．

（東京理科大）

53. x の方程式 $\cos 2x+2k\sin x+k-4=0$ （$0\leq x\leq\pi$）の異なる解の個数が 2 つであるための k の満たす条件を求めよ．

（関西大）

54. 右図のように，AB を直径とする半径 1 の半円 O があり，弦 CD は直径 AB に平行である．$\angle AOC=\theta$ とするとき，次の問に答えよ．

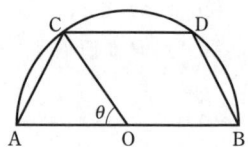

(1) CD の長さを θ で表せ．

(2) 台形 ABDC の周の長さが最大となる θ の値を求め，そのときの台形の面積を求めよ．

（神奈川大）

55. 座標平面上に原点 O を中心とする半径 1 の円がある．その円周上に

3 点 A，B，C があり，$\angle AOB=\theta$，$\angle BOC=\dfrac{\pi}{2}$ とする．ただし，A の座標

は $(1,\ 0)$ で，B は第 2 象限，C は第 3 象限の点である．

(1)　$\triangle ABC$ の面積 S を θ で表せ．

(2)　S の最大値を求めよ．

（滋賀大）

56.　平面上に，原点 O を中心とする半径 1 の円と，2 点 A$(-2,\ 0)$，

B$(-2,\ -4)$ がある．点 P$(\cos\theta,\ \sin\theta)$ は $0<\theta<\pi$ の範囲で半円周上を

動く．点 Q を x 軸に関して点 P と対称な点とし，四角形 PABQ の面積を S

とする．

(1)　$t=\cos\theta+\sin\theta$ とおくとき，S を t で表せ．

(2)　S の最大値を求めよ．

（広島大）

57. 原点を O とする xy 平面上の 2 つの点 P，Q は，それぞれ 2 つの半直線

$l_1 : x=1,\ y\geqq0,\ l_2 : x=-2,\ y\geqq0$ 上の点で，$\angle POQ=\dfrac{\pi}{3}$ となるように動

く．次の問に答えよ．

(1)　$\angle AOP$ のとり得る範囲を求めよ．ただし，A$(1,\ 0)$ である．

(2)　三角形 POQ の面積の最小値を求めよ．また，そのときの P の座標を
　　 求めよ．

（早稲田大）

第6章 | 指数関数・対数関数

58. (1) 3つの数 $a=2^{\frac{1}{2}}$, $b=3^{\frac{1}{3}}$, $c=5^{\frac{1}{5}}$ の大小を考えよ.

(2) $2^x=3^y=5^z$ (ただし, x, y, z は正の実数) のとき, $2x$, $3y$, $5z$ の大小を考えよ.

(東京薬科大)

59. (1) $\dfrac{3}{2}$, $\log_4 10$, $\log_2 3$ を小さい順に並べよ.

(法政大)

(2) $1<a<b<a^2$ のとき, 次の4つの値を小さい方から順に並べよ.

$$x=\log_a b, \quad y=\log_b a, \quad z=\log_a ab, \quad w=\log_b \frac{b}{a}$$

(神戸薬科大)

60. $\log_{10} 2=0.3010$, $\log_{10} 3=0.4771$ とする.

(1) $\log_{10} \dfrac{1}{45}$ の値を求めよ.

(2) $\left(\dfrac{1}{45}\right)^{54}$ で, 小数点以下最初に 0 でない数字が現れるのは, 小数第何位で, その数字は何か.

(3) 18^{18} は, 何桁の数で, 最高位の桁の数字は何か.

(立命館大)

61. 次の方程式・不等式を解け.

(1) $\log_3 9x-6\log_x 9=3$. (大阪産業大)

(2) $2^x(2^{x+1}+8)\geqq 8^x(5-2^x)$. (関西大)

(3) $\log_2(x-2)<1+\log_{\frac{1}{2}}(x-4)$. (神戸薬科大)

62. *2つの不等式

$$a^{2x-4}-1<a^{x+1}-a^{x-5}, \qquad 2\log_a(x-2)\geqq\log_a(x-2)+\log_a 5$$

を満たす x の値の範囲を求めよ．ただし，a は正の定数で $a \neq 1$ とする．

（京都府立大）

63. (1) t が $t>1$ の範囲を動くとき，$f(t)=\log_2 t+\log_t 4$ の最小値を求め
よ．

(2) $t>1$ なるすべての t に対して，不等式

$$k\log_2 t<(\log_2 t)^2-\log_2 t+2$$

が成り立つような k の値の範囲を求めよ．

（北海道大）

64. x の関数 $f(x)=4^x+4^{-x}+a(2^x+2^{-x})+6-a$ について

(1) $t=2^x+2^{-x}$ とおくとき，$f(x)$ を t の式で表せ．

(2) t のとり得る値の範囲を求めよ．

(3) $f(x)=0$ が異なる4つの実数解をもつための a の値の範囲を求めよ．

（関西大）

65. (1) $\log_2 x+\log_2(2y)=5$ のとき，$\dfrac{1}{x}+\dfrac{1}{y}$ の最小値とそのときの

$(x,\ y)$ を求めよ． （福岡大）

(2) 点 $(x,\ y)$ が $\dfrac{x^2}{4}+\dfrac{y^2}{5}=1,\ x>0,\ y>0$ を満たしながら動くとき，

$\log_2 x+\log_{\frac{1}{2}}\dfrac{1}{y}$ の最大値を求めよ．

（慶應義塾大）

66. 不等式 $\log_x y + \log_y x > \dfrac{5}{2}$ を満たす点 $(x,\ y)$ の存在する範囲を図示せよ.

（日本女子大）

67. *(1) 不等式 $\log_x y - \log_y x^3 - 2 < 0$ を満たす点 $(x,\ y)$ が存在する範囲を図示せよ.

(2) 連立方程式 $\log_x y - \log_y x^3 - 2 = 0$, $x - y + k = 0$ の解の個数が, k の値によりどう変わるかを調べよ.

（熊本大）

第 7 章 ｜ 微分法

68. 放物線 $y=x^2$ 上の原点と異なる点 A における法線とこの放物線とのもう 1 つの交点を B とする．ただし，点 A における法線とは，点 A を通り A における接線と直交する直線である．

(1) 線分 AB の中点を P$(X,\ Y)$ とするとき，Y を X を用いて表せ．

(2) A を動かすとき，(1)で求めた Y の最小値を求めよ．

（三重大）

69. 3 次曲線 $C: y=x^3-3x$ および直線 $l: y=-3x$ について，次の問に答えよ．

(1) l が原点 O$(0,\ 0)$ における C の接線であることを示せ．

(2) l 上の原点以外の点 P$(a,\ -3a)$ $(a\neq 0)$ について，P を通る l 以外の C の接線 m の方程式を求めよ．

(3) l と m が直交するような a の値を求めよ．

（青山学院大）

70. 曲線 $C: y=x^3-kx$ 上の点 P$(a,\ a^3-ka)$ における接線 l が，曲線 C と点 P と異なる点 Q で交わっている．点 Q における接線が直線 l と直交しているとき，次の問に答えよ．

(1) 点 Q の座標を a と k を用いて表せ．

(2) k のとり得る値の範囲を求めよ．

（福岡大）

71. 関数 $f(x)=x^3-3ax^2+3bx-2$ が区間 $0\leq x\leq 1$ でつねに増加するとき，点 $(a,\ b)$ の存在する範囲を図示せよ．

（大分大）

72. *3次関数 $f(x)=x^3+ax^2+bx$ は極大値と極小値をもち，それらを区間 $-1 \leqq x \leqq 1$ 内でとるものとする．この条件を満たすような実数の組 (a, b) の範囲を ab 平面上に図示せよ．

（東京大）

73. O を原点とする座標平面上に，点 A$(a, 0)$ を中心とする半径 1 の円 C がある．ただし，$a \geqq 0$ とする．C と x 軸との交点のうち右側にあるものを B とする．$0 < \theta \leqq \dfrac{\pi}{4}$ とし，第 1 象限内で，円 C 上に 2 点 P，Q を $\angle$PAB$=\theta$, $\angle$QAB$=2\theta$ となるようにとる．P から y 軸に下ろした垂線を PP$'$ とし，Q から x 軸に下ろした垂線を QQ$'$ とする．OP$'$，OQ$'$ を 2 辺とする長方形の面積 S について考える．

(1) $t = \sin\theta$ とおくとき，S を a と t で表せ．

(2) θ が $0 < \theta \leqq \dfrac{\pi}{4}$ の範囲を動くとき，S の最大値とそのときの t の値を a で表せ．

（北海道大）

74. 右図のような，底面の半径 r，高さ h の直円錐を考える．その内部に図のように面 ABCD，面 EFGH を正方形とする直方体を考える．ここで頂点 A，B，C，D は直円錐の側面上にあり，頂点 E，F，G，H は直円錐の底面上にあるものとする．このとき，次の問に答えよ．

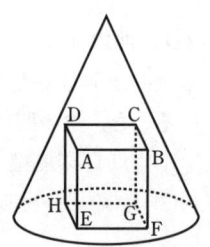

(1) 直方体の高さを x とするとき，直方体の体積を r，h，x の式で表せ．

(2) 直方体の体積を最大にするような高さ x を求めよ．また，そのときの体積を求めよ．

（立教大）

75. 方程式

$$2x^3 + 3x^2 - 12x - k = 0$$

は異なる 3 つの実数解 α, β, γ をもつとする。　$\alpha < \beta < \gamma$ とするとき，次の問に答えよ．

(1)　定数 k の値の範囲を求めよ．

(2)　$-2 < \beta < -\dfrac{1}{2}$ となるとき，α, γ の値の範囲を求めよ．

（高知大）

76. 点 $(0,\ 1)$ を通り曲線 $y = x^3 - ax^2$ に接する直線がちょうど 2 本存在するとき，実数 a の値および 2 本の接線の方程式を求めよ．

（大阪大）

第 8 章 | 積分法

77. 正の実数 a についての関数 $f(a)$ を $f(a) = \displaystyle\int_{-1}^{1} |x^2 - a^2|\, dx$ によって定義する.

  (1) $f(a)$ を計算せよ.

  (2) $f(a)$ の最小値を求めよ.

（東京都立大）

78. *t が区間 $-\dfrac{1}{2} \leq t \leq 2$ を動くとき, $F(t) = \displaystyle\int_{0}^{1} x|x - t|\, dx$ の最大値と最小値を求めよ.

（山口大）

79. 1 次式 $f_n(x)$ $(n = 1,\ 2,\ 3,\ \cdots)$ が

$$f_1(x) = x + 1, \quad x^2 f_{n+1}(x) = x^3 + x^2 + \int_{0}^{x} t f_n(t)\, dt \quad (n = 1,\ 2,\ 3,\ \cdots)$$

を満たすとき, $f_n(x)$ を求めよ.

（小樽商科大）

80. 放物線 $C : y = x^2$ とその上の点 $(a,\ a^2)$ $(0 < a \leq 1)$ における接線を l とするとき, 次の問に答えよ.

  (1) 接線 l の方程式を求めよ.

  (2) 直線 $x = 0$, $x = 1$, 放物線 C と接線 l で囲まれる部分で, $y \geq 0$ を満たす部分の面積 $S(a)$ を求めよ.

  (3) $S(a)$ の最小値を求めよ.

（宮崎大）

81. xy 平面上の 2 つの曲線 $y=x^2-2ax+a^2-a$, $y=-x^2+2$ が異なる 2 点で交わっている.

(1) a の値の範囲を求めよ.

(2) 2 つの交点の x 座標を α, β $(\alpha<\beta)$ とする. $\beta-\alpha$ を求めよ.

(3) 上の 2 つの曲線によって囲まれた部分の面積 S を求めよ.

(4) 面積 S が最大になるときの a の値を求めよ. また, S の最大値を求めよ.

(山形大)

82. 円 $C : x^2+(y-3)^2=r^2$ と放物線 $P : y=\dfrac{1}{4}x^2$ について, 次の問に答えよ. ただし, $0<r<3$ である.

(1) 円 C と放物線 P の共有点が 2 個のとき, r の値を求めよ.

(2) (1)の共有点を A, B とするとき, 線分 AB の下側で, (1)で求めた円 C と放物線 P とで囲まれる図形の面積を求めよ.

(福岡大)

83. 2 つの放物線 $C_1 : y=x^2$, $C_2 : y=x^2-4x+8$ に共通な接線を l とし, C_1, C_2 との接点をそれぞれ P_1, P_2 とする.

(1) P_1, P_2 の x 座標を求めよ.

(2) 2 つの放物線 C_1, C_2 と直線 l で囲まれた図形の面積を求めよ.

(滋賀大)

84. * $y=x^2$ のグラフを C とする. $b<a^2$ を満たす点 $P(a, b)$ から C へ接線を 2 本引き, 接点を A, B とする. C と 2 本の線分 PA, PB で囲まれた図形の面積が $\dfrac{2}{3}$ になるような点 P の軌跡を求めよ.

(東京都立大)

85. 放物線 $C : y = x^2$ 上の点 $P(\alpha, \alpha^2)$ を通る傾き $m\,(m > 0)$ の直線 l がある．点 P での C の接線 l' が l と直交するとき，次の問に答えよ．

(1) α の値と l の方程式を m を用いて表せ．

(2) C と l で囲まれる図形の面積 S を m を用いて表せ．

(3) m を正の範囲で動かすときの S の最小値と，そのときの m の値を求めよ．

（東京都立大）

86. 2つの曲線 $y = x^3 - x$ と $y = x^2 - a\,(a > 0)$ が1点 P を通り，P において共通の接線をもっている．

(1) a の値を求めよ．

(2) 2つの曲線で囲まれた部分の面積を求めよ．

（京都大）

87. 3次曲線 $y = x^3 + ax^2 + bx + c$ を C とする．C は次の条件(ア), (イ)を満たすとする．

(ア) 原点に関して対称である．

(イ) 直線 $y = 2$ は C の接線である．

以下の問に答えよ．

(1) a, b, c の値を求めよ．

(2) $y = 2$ と C で囲まれる図形の面積を求めよ．

（東京女子大）

第9章 | 場合の数

88. 男子4人，女子3人がいる．次の並び方は何通りあるか．
 (1) 男子が両端に来るように7人が1列に並ぶ．
 (2) 女子が隣り合わないように7人が1列に並ぶ．
 (3) 女子のうち2人だけが隣り合うように7人が1列に並ぶ．
 (4) 女子の両隣には男子が来るように7人が円周上に並ぶ．

（青山学院大）

89. SUUGAKU の7文字を1列に並べるとき，次の並べ方は何通りあるか．
 (1) 1列に並べる．
 (2) GAUSU という文字列を含むように並べる．
 (3) U はすべて奇数番目にくるように並べる．
 (4) U は2つ以上隣り合わないように並べる．

（東北学院大）

90. 右の図のように，道路が碁盤の目のように
なった街がある．地点 A から地点 B までの長さ
が最短の道を行くとき，次の場合は何通りの道順
があるか．
 (1) 地点 C を通る．
 (2) 地点 P は通らない．
 (3) 地点 P，および地点 Q は通らない．

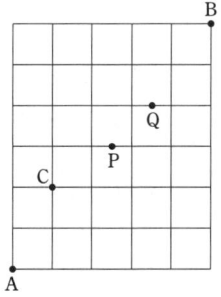

（東北大）

91. 1から n $(n \geqq 4)$ までの整数を書いた n 枚のカードがある．カードのそれぞれに A，B，C，D のスタンプのうち 1 つを押すことにする．

(1) 使わないスタンプがあってもよいとするとき，押し方は何通りあるか．

(2) 使わないスタンプが 2 つになる押し方は何通りあるか．

(3) 使わないスタンプが 1 つになる押し方は何通りあるか．

（防衛大）

92. 1，2，3，4，5 の番号がついた 5 人に，1，2，3，4，5 の数字が 1 つずつ書いてある 5 枚のカードを 1 枚ずつ配る．

(1) もらったカードの数字と自分の番号の数字とが一致する人が 2 人だけであるようなカードの配り方は何通りあるか．

(2) もらったカードの数字と自分の番号の数字とが一致する人が 1 人もいないようなカードの配り方は何通りあるか．

（東京薬科大）

93. 9 人の学生を 3 つの組に分けたい．

(1) 3 人ずつ，3 つの組，A，B，C に分ける分け方は何通りあるか．

(2) 3 人ずつ，3 つの組に分ける分け方は何通りあるか．

(3) 2 人，2 人，5 人の 3 つの組に分ける分け方は何通りあるか．

（東京理科大）

94. *6 人の人を 3 つの部屋に分けたい．どの部屋にも少なくとも 1 人は入るものとして，分ける方法は何通りあるか．次の(1)～(3)のそれぞれの場合について答えよ．

(1) 人も部屋も区別しないで，人数の分け方だけ考えた場合．

(2) 人は区別しないが，部屋は区別して考えた場合．

(3) 人も部屋も区別して考えた場合．

（立教大）

第 10 章 確 率

95. 1 から 8 までの番号のついた 8 枚のカードがある．この中から 3 枚のカードを取り出すとき

(1) 3 枚のカードに書かれた数の和が 18 以下となる確率を求めよ．

(2) 3 枚のカードに書かれた数の積が奇数となる確率を求めよ．

(3) 3 枚のカードに書かれた数の積が 4 の倍数となる確率を求めよ．

（星薬科大）

96. 9 枚のカードに 1 から 9 までの数字が 1 つずつ記してある．このカードの中から任意に 1 枚を抜き出し，その数字を記録し，もとのカードの中に戻すという操作を n 回繰り返す．

(1) 記録された数の積が 5 で割り切れる確率を求めよ．

(2) 記録された数の積が 10 で割り切れる確率を求めよ．

（名古屋大）

97. 1 個のサイコロを 3 回投げるとき，次の確率を求めよ．

(1) 2 以下の目が 1 回だけ出る確率．

(2) 出た目の最大値を M，最小値を m とするとき，$M-m<2$ となる確率．

（法政大）

98. 袋の中に白球，赤球，黒球が 1 個ずつ入っている．袋から無作為に球を 1 個取り出し，白球なら A の勝ち，黒球なら B の勝ち，赤球なら引き分けとする．取り出した球をもとに戻し，このゲームを繰り返す．

A，B のうち，先に 3 回ゲームに勝った方を優勝とする．

(1) 5 回目のゲームで A の優勝が決定する確率を求めよ．

(2) 6 回目のゲームで A の優勝が決定する確率を求めよ．

(3) 引き分けが 1 回も起こらずに A の優勝が決定する確率を求めよ．

（山形大）

99. *x 軸上を動く点 A があり，最初は原点にある．硬貨を投げて表が出たら正の方向に 1 だけ進み，裏が出たら負の方向に 1 だけ進む．硬貨を 6 回投げるものとして，以下の確率を求めよ．

(1) 硬貨を 6 回投げたとき，点 A が原点に戻る確率．

(2) 硬貨を 6 回投げたとき，点 A が 2 回目で原点に戻り，かつ 6 回目に原点に戻る確率．

(3) 硬貨を 6 回投げたとき，点 A が初めて原点に戻る確率．

（埼玉大）

100. さいころを投げ，次のルールで xy 平面上に置かれた駒を動かす．

点 $(x,\ y)$ に駒があるとき

　　　出た目の数が 1 か 2 か 3 ならば $(x,\ y-1)$ の点に，

　　　出た目の数が 4 か 5 ならば $(x+1,\ y-1)$ の点に，

　　　出た目の数が 6 ならば $(x+1,\ y)$ の点に

駒を移動させる．

ただし，さいころのそれぞれの目の出る確率は $\dfrac{1}{6}$ であるとする．

初めに点 $(0,\ 2)$ に駒を置き，さいころを投げるごとに駒を移動させ，これを 5 回繰り返す．

(1) 5 回目に駒が $(3,\ 0)$ に到達する確率を求めよ．

(2) 5 回目に駒が初めて x 軸に到達する確率を求めよ．

（岡山大）

101. 2つの袋 A，B があり，A には 2 個，B には 3 個の球が入っている．今，サイコロを振って，1，2 の目が出たら A の袋から 1 球を取り出し B の袋に入れ，3，4，5，6 の目が出たら B の袋から 1 球を取り出し A の袋に入れるという試行をする．

この試行を繰り返し，どちらかの袋が空になったら終わるゲームを行う．

(1) 2 回の試行でこのゲームが終わる確率を求めよ．

(2) 4 回までの試行でこのゲームが終わる確率を求めよ．

(3) この試行を高々 4 回繰り返し，4 回までにゲームが終われば 5 点もらえる．終わらなければ，そのときに A の袋に入っている球の個数の 4 倍にあたる点がもらえる．このときの得点の期待値を求めよ．

（金沢大）

102. 1 辺の長さが 1 の正六角形の頂点から，相異なる 3 点を同時に選ぶこととする．

(1) 選んだ 3 点が正三角形を作る確率を求めよ．

(2) 選んだ 3 点が直角三角形を作る確率を求めよ．

(3) 選んだ 3 点が作る三角形の面積の期待値を求めよ．

（東京都立大）

103. 箱の中に 1 番から N 番までの番号札が 1 枚ずつ合計 N 枚入っている．この箱から同時に 4 枚の番号札を取り出す．この 4 枚の札の中で，最小の番号が 3 である確率を P_N とする．ただし，$N \geqq 6$ とする．

(1) P_N を求めよ．

(2) $P_N < P_{N+1}$ となる N をすべて求めよ．

(3) P_N を最大にする N とその最大値を求めよ．

（宮城教育大）

104. 3つの箱 A，B，C の中に赤玉と白玉がそれぞれ 1：5，1：4，1：3 の割合で入っている．太郎は A から，次郎は B から，三郎は C からそれぞれ玉を 1 個取り出す．赤玉を取り出した人は賞品がもらえる．次の問に答えよ．

(1) 太郎だけが賞品をもらえる確率を求めよ．

(2) 1 人だけが賞品をもらえると知ったとき，その人が太郎である確率を求めよ．

(3) 2 人だけが賞品をもらえると知ったとき，その中に太郎が含まれる確率を求めよ．

（琉球大）

105. 左のポケットに 100 円硬貨が 6 枚と 10 円硬貨が 3 枚入っており，右ポケットに 100 円硬貨が 3 枚と 10 円硬貨が 4 枚入っている．右ポケットから 5 枚の硬貨を取り出し左ポケットに入れ，次に左ポケットから 1 枚の硬貨を取り出す．

(1) 後で取り出した 1 枚が 100 円硬貨である確率を求めよ．

(2) 後で取り出した 1 枚が 10 円硬貨であった．先に取り出した 5 枚が 100 円硬貨 3 枚と 10 円硬貨 2 枚である確率を求めよ．

（名古屋市立大）

第11章 │ 数 列

106. 2の倍数でも3の倍数でもない自然数全体を小さい順に並べてできる数列を a_1, a_2, a_3, $\cdots$, a_n, $\cdots$ とする.

(1) 1003 は数列 $\{a_n\}$ の第何項か.

(2) a_{2000} の値を求めよ.

(3) m を自然数とするとき，数列 $\{a_n\}$ の初項から第 $2m$ 項までの和を求めよ.

（神戸大）

107. n を自然数とする.

(1) $|x|+|y| \leqq n$ となる2つの整数の組 (x, y) の個数を求めよ.

(2) $|x|+|y|+|z| \leqq n$ となる3つの整数の組 (x, y, z) の個数を求めよ.

（熊本大）

108. 座標平面上で，x 座標と y 座標がともに整数である点を格子点という. n は自然数であるとして，不等式 $x>0$, $y>0$, $\log_2 \dfrac{y}{x} \leqq x \leqq n$ を満たす格子点の個数を求めよ.

（京都大）

109. 数列

$$\frac{1}{1}, \frac{2}{1}, \frac{2}{2}, \frac{3}{1}, \frac{3}{2}, \frac{3}{3}, \frac{4}{1}, \frac{4}{2}, \frac{4}{3}, \frac{4}{4}, \frac{5}{1}, \frac{5}{2}, \frac{5}{3}, \frac{5}{4}, \frac{5}{5}, \cdots$$

において，分子が n である項をまとめて，第 n 群とよぶことにする．例えば，第4群は，数列の第7項から始まり，$\dfrac{4}{1}$, $\dfrac{4}{2}$, $\dfrac{4}{3}$, $\dfrac{4}{4}$ の4項を含んでいる.

(1) この数列の第100項は第何群の中の最初から何番目であるか.

(2) 分数を約分した値が10になる項が，この数列の中で最初に現れるのは第何項か．また，10回目に現れるのは第何項か.

(3) 第540群に含まれる項のうちで，分数を約分した値が整数になる項は何個あるか．また，これらの項すべての和の値を求めよ.

（近畿大）

110. 自然数 p, q の組 (p, q) を

  (A)　$p+q$ の値の小さい組から大きい組へ

  (B)　$p+q$ の値の同じ組では，p の値が大きい組から小さい組へ

という規則に従って，次のように1列に並べる．

  $(1, 1)$, $(2, 1)$, $(1, 2)$, $(3, 1)$, $(2, 2)$, $(1, 3)$, $\cdots$

  (1)　組 (m, n) は，初めから何番目にあるか．

  (2)　初めから 100 番目にある組を求めよ．

（立命館大）

111.[*] 自然数 n に対して，$\sqrt{n}$ に最も近い整数を a_n とする．

  (1)　m を自然数とするとき，$a_n = m$ となる自然数 n の個数を m を用いて表せ．

  (2)　$\displaystyle\sum_{k=1}^{2001} a_k$ を求めよ．

（横浜国立大）

112. 数列 $\{a_n\}$ の初項 a_1 から第 n 項 a_n までの和を S_n と表す．

  この数列が $a_1 = 0$, $a_2 = 1$, $(n-1)^2 a_n = S_n (n \geqq 1)$ を満たすとき，一般項 a_n を求めよ．

（京都大）

113. 数列 a_1, a_2, $\cdots$, a_n, $\cdots$ の初項から第 n 項までの和 S_n が

$S_n = 3a_n + 2n - 1$ を満たすとき，一般項 a_n を求めよ．

（東京学芸大）

114.* $a_1=1$, $a_{2n}=2a_{2n-1}$, $a_{2n+1}=a_{2n}+2^{n-1}$ $(n=1,\ 2,\ 3,\ \cdots)$ で定義される数列 $\{a_n\}$ について,

(1) 第 $2n$ 項 a_{2n} と第 $(2n+1)$ 項 a_{2n+1} を求めよ.

(2) $\displaystyle\sum_{k=1}^{2n} a_k$ を求めよ.

(山口大)

115. 厚さがそれぞれ 1 cm, 2 cm, 2 cm の白, 赤, 青の円盤がある. これを積み重ねて円柱を作る. 円柱の高さが n cm になるような積み重ねの場合の数を f_n とする. ただし各円盤は十分たくさんあるものとする.

このとき, 次の問に答えよ.

(1) f_1 および f_2 を求めよ.

(2) $n\geqq3$ とする. 円柱の高さが n cm のとき, 一番上の円盤を取りはずした残りの円柱に着目することにより, f_n を f_{n-1} と f_{n-2} を用いて表せ.

(3) $g_n=f_{n+1}-2f_n$ とおくとき, g_n を n を用いて表せ.

(4) f_n を n を用いて表せ.

(東京農工大)

116.* 数字 1, 2, 3 を n 個並べてできる n 桁の数全体を考える. そのうち 1 が奇数回現れるものの個数を a_n, 1 が偶数回現れるかまったく現れないものの個数を b_n とする.

(1) a_{n+1}, b_{n+1} を a_n, b_n を用いて表せ.

(2) a_n, b_n を求めよ.

(早稲田大)

117. 正の整数 n に対して，次の問に答えよ．

(1) $(2+\sqrt{3})^n$ を $a_n+b_n\sqrt{3}$ （a_n, b_n は正の整数）と表すとき，$(2-\sqrt{3})^n$ が $a_n-b_n\sqrt{3}$ と表されることを示せ．

(2) またこのとき，a_n^2-1 が 3 の倍数であることを示せ．

(3) $(2+\sqrt{3})^n$ は，ある正の整数 A に対して $\sqrt{A}+\sqrt{A+1}$ の形をしていることを示せ．

（三重大）

118. 各項が正の数である数列 $\{a_n\}$ が $a_1=2$ と関係式

$$a_{n+1}^2 a_n = a_{n+1}+\frac{2(n+2)}{n(n+1)} \quad (n=1,\ 2,\ 3,\ \cdots)$$

を満たすとき，次の問に答えよ．

(1) a_2, a_3 を求めよ．

(2) a_n を n の式で表せ．

（横浜国立大）

119. n が自然数のとき，$2^{2n+1}+3(-1)^n$ は 5 の倍数であることを数学的帰納法によって証明せよ．

（岡山理科大）

120. 実数 x, y について，$x+y$, xy がともに偶数とする．このとき，次の問に答えよ．

(1) 自然数 n に対して x^n+y^n は偶数になることを示せ．

(2) 整数以外の実数の組 $(x,\ y)$ の例を示せ．

（岐阜大）

121. 平面上に，どの3本の直線も1点を共有しない，n本の直線がある．

  (1)　どの2本の直線も平行でないとき，平面がn本の直線によって分けられる部分の個数a_nをnで表せ．

  (2)　n本の直線の中に，2本だけ平行なものがあるとき，平面がn本の直線によって分けられる部分の個数b_nをnで表せ．ただし，$n \geqq 2$ とする．

（滋賀大）

122. 2人のプレーヤー A，B が対戦を繰り返すゲームを行う．1回の対戦につき A が勝つ確率はpであり，B が勝つ確率は $1-p$ であるとする（ただし，$0 < p < 1$）．A と B は初めにそれぞれ2枚の金貨を持っている．1回の対戦につき勝者は敗者から1枚の金貨を受け取る．対戦を繰り返して一方のプレーヤーがすべての金貨を手に入れたとき，ゲームを終了する．ちょうどn回の対戦で A がすべての金貨を手に入れる確率をP_nとする．ただし，nは自然数とする．

  (1)　P_4を求めよ．

  (2)　P_{2n-1}を求めよ．

  (3)　P_{2n}を求めよ．

  (4)　$2n$回以内の対戦で A がすべての金貨を手に入れる確率S_nを求めよ．

（広島大）

123. *nを2以上の整数とする．中の見えない袋に$2n$個の玉が入っていて，そのうち3個が赤で残りが白とする．A 君と B 君が交互に1個ずつ玉を取り出して，先に赤の玉を取り出した方が勝ちとする．取り出した玉は袋には戻さないとする．A 君が先に取り始めるとき，B 君が勝つ確率を求めよ．

（東北大）

124. * 袋の中に符号＋と記されたカードが1枚，－と記されたカードが2枚，合計3枚のカードが入っている．この袋からカードを1枚取り出し，記されている符号を記録し，カードを袋に戻す．この試行を n 回繰り返し，符号は順番通り記録するものとする．例を参照しながら次の問に答えよ．

例：$n=5$ として，＋－－－－ のとき符号の変化は1回，
$\qquad\qquad$ ＋－＋＋＋ のとき符号の変化は2回．

(1) この符号の列に符号の変化が起こらない確率を求めよ．

(2) 符号の変化が2回以上起こる確率を求めよ．

（芝浦工業大）

125. n 人 $(n\geqq2)$ で1回だけジャンケンをする．勝者の数を X として

(1) k を $1\leqq k\leqq n$ である整数とするとき，$k_n\mathrm{C}_k=n_{n-1}\mathrm{C}_{k-1}$ を示せ．

(2) $X=k\ (k=1,\ 2,\ \cdots,\ n-1)$ である確率を求めよ．

(3) $X=0$，すなわち勝負が決まらない確率を求めよ．

(4) X の期待値を求めよ．

（新潟大）

126. n 枚のカードに，1，2，3，$\cdots$，n の数字が1つずつ記入されている．このカードの中から無作為に2枚のカードを抜き取ったとき，カードの数字のうち小さい方を X，大きい方を Y とする．ただし，$n\geqq2$ とする．

(1) $X=k$ となる確率を求めよ．ただし，k は 1，2，3，$\cdots$，n のいずれかの数字とする．

(2) X の期待値を求めよ．

(3) Y の期待値を求めよ．

（宇都宮大）

127. 右図のような円周上の4点 A，B，C，D の上を次の規則で反時計まわりに動く点 Q を考える．さいころを振って偶数の目が出れば出た目の数だけ順次隣の点に移動させ，奇数の目が出れば移動させない．

また，Q は最初 A 上にあったものとする．さいころを n 回振った後で Q が C 上にある確率を p_n とおくとき，

(1) p_1，p_2 を求めよ．

(2) p_{n+1} と p_n との間に成り立つ関係式を求めよ．

(3) p_n を n の式で表せ．

（広島大）

128. 1，2，3 の番号のついたカードがそれぞれ1枚ずつある．この中からカードを任意に1枚取り出し番号を確認し，またもとに戻すという操作を n 回繰り返す．出た番号を順に a_1，a_2，$\cdots$，a_n とする．

(1) a_1，a_2，$\cdots$，a_n の中に1，2，3がすべて入っている確率を求めよ．

(2) $a_1+a_2+\cdots+a_n$ が4の倍数である確率を求めよ．

（立教大）

129. *正四面体の各頂点を A_1，A_2，A_3，A_4 とする．ある頂点にいる動点 X は，同じ頂点にとどまることなく，1秒ごとに他の3つの頂点に同じ確率で移動する．X が A_i に n 秒後に存在する確率を $P_i(n)(n=0, 1, 2, \cdots)$ で表す．

$$P_1(0)=\frac{1}{4}, \ P_2(0)=\frac{1}{2}, \ P_3(0)=\frac{1}{8}, \ P_4(0)=\frac{1}{8}$$

とするとき，$P_1(n)$ と $P_2(n)(n=0, 1, 2, \cdots)$ を求めよ．

（東京大）

130.[*]サイコロを投げるゲームをする．1の目が出たら得点を1点，2または3の目が出たら2点，その他の目が出たら0点とする．1点または2点をとったときには続けてサイコロを投げ，0点をとった時点でゲームを終了する．

(1) サイコロを投げる回数が3回以下でゲームが終了する確率を求めよ．

(2) 合計得点が3点でゲームが終了するとき，3回目でゲームが終了する条件つき確率を求めよ．

(3) 合計得点が n 点でゲームが終了する確率を u_n とする．u_n を n で表せ．

(名古屋市立大)

第12章 ｜ **平面ベクトル**

131. 三角形 ABC において，BC＝4，CA＝3，AB＝2 とし，三角形 ABC の内接円と辺 BC，CA，AB との接点をそれぞれ D，E，F とする.

(1) $\overrightarrow{AD}$ を $\overrightarrow{AB}$，$\overrightarrow{AC}$ で表せ.

(2) BE と CF の交点を P とするとき，A，P，D は同一直線上にあることを示し AP：PD を求めよ.

（東京薬科大）

132. 台形 ABCD において，AB∥DC，AD＝BC，2AB＝DC とする. 辺 DC の中点を M，辺 AD を 2：1 に内分する点を P，辺 BC を 1：3 に内分する点を Q とする.

(1) $\overrightarrow{PQ}$ を $\overrightarrow{MB}$ と $\overrightarrow{MC}$ を用いて表せ.

(2) 線分 PQ と線分 BD の交点を N とするとき，DN：NB を求めよ.

（山形大）

133. 点 P と三角形 ABC の頂点との間に等式
$$3\overrightarrow{AP}-5\overrightarrow{BP}+9\overrightarrow{CP}=\vec{0}$$
が成り立っている. 直線 AP と直線 BC との交点を D とする. 次の問に答えよ.

(1) $\overrightarrow{AP}$ を $\overrightarrow{AB}$，$\overrightarrow{AC}$ を用いて表せ.

(2) $\overrightarrow{AD}=\alpha\overrightarrow{AP}$ を満たす実数 α を求めよ.

(3) 点 D は線分 BC をどのような比に内分あるいは外分する点になっているか.

（福岡教育大）

134. k は定数で，点 P は $\triangle ABC$ と同じ平面上にあって
$$3\overrightarrow{PA}+4\overrightarrow{PB}+5\overrightarrow{PC}=k\overrightarrow{BC}$$
を満たしている．

(1) 点 P が辺 AB 上にあるとき，k の値を求めよ．

(2) 点 P が $\triangle ABC$ の内部にあるような k の値の範囲を求めよ．

（神戸薬科大）

135. 三角形 OAB の重心を G として，辺 OA 上に点 P，辺 OB 上に点 Q を，P，G，Q が一直線上にあるようにとる．このとき次の問に答えよ．

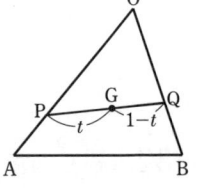

(1) 重心 G が線分 PQ を $t:(1-t)$ の比に内分するとき，$\dfrac{OP}{OA}$ および $\dfrac{OQ}{OB}$ を t を用いて表せ．

(2) 三角形 OAB の面積が 1 のとき，三角形 OPQ の面積 S を t を用いて表し，不等式 $\dfrac{4}{9} \leqq S \leqq \dfrac{1}{2}$ が成り立つことを示せ．

（福井大）

136.[*] $\triangle OAB$ において，点 G を $\overrightarrow{OG}=k(\overrightarrow{OA}+\overrightarrow{OB})$ である点とする．また，2 点 P，Q を $\overrightarrow{OP}=p\overrightarrow{OA}$，$\overrightarrow{OQ}=q\overrightarrow{OB}$ $(0<p<1, \ 0<q<1)$ である点とする．$\triangle OAB$ と $\triangle OPQ$ の面積を，それぞれ S，S' とする．

(1) 点 G が $\triangle OAB$ の内部にあるとき，k の満たすべき条件を求めよ．ただし，$\triangle OAB$ の内部とは，$\triangle OAB$ で囲まれる部分からその周を除いた部分をさす．

(2) 3 点 G，P，Q が同一直線上にあるとき，k を p，q を用いて表せ．

(3) $k=\dfrac{1}{4}$ であって，3 点 G，P，Q が同一直線上にあるとき，$\dfrac{S'}{S}$ の最小値を求めよ．

（九州大）

137. ベクトル $\vec{p}=\vec{a}+\vec{b}$, $\vec{q}=\vec{a}-\vec{b}$ は $|\vec{p}|=4$, $|\vec{q}|=2$ を満たし，$\vec{p}$ と $\vec{q}$ のなす角は $60°$ である．

(1) 2つのベクトルの大きさ $|\vec{a}|$, $|\vec{b}|$，および内積 $\vec{a}\cdot\vec{b}$ を求めよ．

(2) $|t\vec{a}+\vec{b}|$ が最小となる実数 t の値を求めよ．

（龍谷大）

138. $\triangle$OAB で，$\overrightarrow{OA}=\vec{a}$, $\overrightarrow{OB}=\vec{b}$ とおき，
$$|\vec{a}|=\sqrt{3}, \quad |\vec{b}|=2, \quad |2\vec{a}-\vec{b}|=2\sqrt{2}$$
とする．さらに，$\triangle$OAB 内に点 H をとり，$\overrightarrow{OH}=s\vec{a}+t\vec{b}$ とおく．ただし，s, t は実数とする．

(1) 内積 $\vec{a}\cdot\vec{b}$ の値を求めよ．

(2) $\overrightarrow{OH}$ と $\vec{b}-\vec{a}$ が直交するとき，s と t の関係式を求めよ．

(3) 点 H が $\triangle$OAB の垂心であるとき，s と t の値を求めよ．

（宮崎大）

139. 平面上の点 O を中心にもつ半径 1 の円周上に 3 点 A, B, C がある．ベクトル間の関係式
$$3\overrightarrow{OA}+4\overrightarrow{OB}-5\overrightarrow{OC}=\vec{0}$$
が成り立つとき，次の問に答えよ．

(1) 内積 $\overrightarrow{OA}\cdot\overrightarrow{OB}$ の値を求めよ．

(2) $\angle$ACB の大きさを求めよ．

(3) 三角形 ABC の面積を求めよ．

（東京都立大）

140. $\triangle$ABC において，AB=2，AC=3，$\angle$A$=60°$，$\overrightarrow{AB}=\vec{b}$, $\overrightarrow{AC}=\vec{c}$ とする．

このとき，$\triangle$ABC の外心を O として，$\overrightarrow{AO}$ を $\vec{b}$ と $\vec{c}$ を用いて表せ．

（滋賀大）

141. 三角形 ABC は $\overrightarrow{BA}\cdot\overrightarrow{CA}=0$ を満たしている．この三角形を含む平面上の点 P が，

$$\overrightarrow{AP}\cdot\overrightarrow{BP}+\overrightarrow{BP}\cdot\overrightarrow{CP}+\overrightarrow{CP}\cdot\overrightarrow{AP}=0$$

を満たすとき，点 P はどのような図形上の点であるか．また，その図形を描け．ただし，$\overrightarrow{AP}\cdot\overrightarrow{BP}$ などはベクトルの内積を表す．

（岡山理科大）

142.[*] 平面上において同一直線上にない異なる 3 点 A，B，C があるとき，次の各問に対して，それぞれの式を満たす点 P の集合を求めよ．

(1) $\overrightarrow{AP}+\overrightarrow{BP}+\overrightarrow{CP}=\overrightarrow{AC}$.

(2) $\overrightarrow{AB}\cdot\overrightarrow{AP}=\overrightarrow{AB}\cdot\overrightarrow{AB}$.

(3) $\overrightarrow{AB}\cdot\overrightarrow{AC}+\overrightarrow{AP}\cdot\overrightarrow{AP}\leqq\overrightarrow{AB}\cdot\overrightarrow{AP}+\overrightarrow{AC}\cdot\overrightarrow{AP}$.

（鳥取大）

143. $\triangle$OAB において，OA$=3$，OB$=4$，内積 $\overrightarrow{OA}\cdot\overrightarrow{OB}=8$ であるとする．$\overrightarrow{OP}=s\overrightarrow{OA}+t\overrightarrow{OB}$ で，s, t が $3s+t\leqq3$, $s+t\geqq1$, $s\geqq0$ を満たしながら動くとき，点 P が描く図形の面積を求めよ．

（愛知工業大）

第13章 | 空間ベクトル

144. 三角錐 OABC において，点 R，S，T をそれぞれ辺 OA，AB，OC 上に
$$OR : RA = 1 : 3, \quad AS : SB = 1 : 1, \quad OT : TC = 1 : 9$$
となるようにとる．$\overrightarrow{OA} = \vec{a}$，$\overrightarrow{OB} = \vec{b}$，$\overrightarrow{OC} = \vec{c}$ とおくとき，

(1) $\overrightarrow{RS}$，$\overrightarrow{RT}$ を $\vec{a}$，$\vec{b}$，$\vec{c}$ を用いて表せ．

(2) 辺 BC 上の点 P を $\overrightarrow{BP} = t\overrightarrow{BC}$ とするとき，$\overrightarrow{RP}$ を t，$\vec{a}$，$\vec{b}$，$\vec{c}$ で表せ．

(3) 点 P が3点 R，S，T で決まる平面上にあるとき，(2)における t の値を求めよ．

（滋賀大）

145. 四面体 OABC を考え，$\vec{a} = \overrightarrow{OA}$，$\vec{b} = \overrightarrow{OB}$，$\vec{c} = \overrightarrow{OC}$ とする．また，線分 OA，OB，OC を $2 : 1$ に内分する点をそれぞれ A′，B′，C′ とし，直線 BC′ と直線 B′C の交点を D，3点 A′，B，C を通る平面と直線 AD との交点を E とする．

(1) $\overrightarrow{OD}$ を $\vec{b}$ と $\vec{c}$ で表せ．

(2) $\overrightarrow{OE}$ を $\vec{a}$，$\vec{b}$，$\vec{c}$ で表せ．

（札幌医科大）

146. 四面体 OABC の辺 AB，OC の中点を，それぞれ M，N とし，$\triangle$ABC の重心を G とする．3つのベクトル $\overrightarrow{OA}$，$\overrightarrow{OB}$，$\overrightarrow{OC}$ を $\overrightarrow{OA} = \vec{a}$，$\overrightarrow{OB} = \vec{b}$，$\overrightarrow{OC} = \vec{c}$ とするとき，次の問に答えよ．

(1) $\overrightarrow{OG}$ を $\vec{a}$，$\vec{b}$，$\vec{c}$ で表せ．

(2) $\overrightarrow{MN}$ を $\vec{a}$，$\vec{b}$，$\vec{c}$ で表せ．

(3) $\triangle$OMC において，2つの線分 OG，MN の交点を Q とするとき，$\overrightarrow{OQ}$ を $\vec{a}$，$\vec{b}$，$\vec{c}$ で表せ．

(4) OG : MN = 2 : 3 のとき，$\angle$COM の大きさを求めよ．

（群馬大）

147. 底面が正方形 ABCD で，8 辺の長さがすべて 1 である四角錐 PABCD において，$\overrightarrow{AB}=\vec{k}$，$\overrightarrow{AD}=\vec{l}$，$\overrightarrow{AP}=\vec{m}$ とおく．

(1) $\overrightarrow{PC}$ を $\vec{k}$, $\vec{l}$, $\vec{m}$ を用いて表せ．

(2) 内積 $\overrightarrow{PA}\cdot\overrightarrow{PC}$ を求めよ．

(3) 辺 PB の中点を R，辺 PD の中点を S とするとき，$\overrightarrow{RS}$ を $\vec{k}$ と $\vec{l}$ を用いて表せ．

(4) 平面 ARS と辺 PC との交点を T とするとき，$\overrightarrow{AT}$ を $\vec{k}$, $\vec{l}$, $\vec{m}$ を用いて表せ．

（愛媛大）

148. 1 辺の長さが 1 の正四面体 OABC がある．辺 OA の中点を M とする．O から平面 ABC に垂線 h を引き，h と平面 ABC の交点を H，h と平面 MBC の交点を I とする．

(1) $\overrightarrow{OI}$ を $\overrightarrow{OA}$, $\overrightarrow{OB}$, $\overrightarrow{OC}$ で表せ．

(2) 線分 MB を $t:(1-t)$ $(0<t<1)$ の比に内分する点を P とする．

　(i) $\overrightarrow{OP}$ を t, $\overrightarrow{OA}$, $\overrightarrow{OB}$ で表せ．

　(ii) 3 点 P，I，C が一直線上に並ぶとき t の値を求めよ．

　(iii) PO⊥PA となるとき，t の値を求めよ．

（近畿大）

149. 空間内に，2 つの直線

$$l_1:(x,\ y,\ z)=(1,\ 1,\ 0)+s(1,\ 1,\ -1)$$
$$l_2:(x,\ y,\ z)=(-1,\ 1,\ -2)+t(0,\ -2,\ 1)$$

がある．ただし，s, t は媒介変数とする．このとき，次の問に答えよ．

(1) l_2 上の点 A$(-1,\ 1,\ -2)$ から l_1 へ下ろした垂線の足 H の座標を求めよ．

(2) l_1, l_2 上にそれぞれ点 P，Q をとるとき，線分 PQ の長さの最小値を求めよ．

（大阪教育大）

150. 空間内に 3 点 A(1, 0, 0), B(0, 2, 0), C(0, 0, 3) をとる.

(1) 空間内の点 P が $\overrightarrow{AP}\cdot(\overrightarrow{BP}+2\overrightarrow{CP})=0$ を満たしながら動くとき, この点 P はある定点 Q から一定の距離にあることを示せ.

(2) (1)における定点 Q は 3 点 A, B, C を通る平面上にあることを示せ.

(3) (1)における P について, 四面体 ABCP の体積の最大値を求めよ.

(九州大)

151. xyz 座標空間において, 三角形 ABC の重心は原点に一致し, 頂点 A, B の座標はそれぞれ (1, 1, 1), (2, −2, −2) であるとする.

(1) 頂点 C の座標を求めよ.

(2) 三角形 ABC の面積を求めよ.

(3) 頂点 C を通り, 三角形 ABC を含む平面に垂直な直線と xy 平面との交点の座標を求めよ.

(愛媛大)

152. 空間に 4 点

A(−2, 0, 0), B(0, 2, 0), C(0, 0, 2), D(2, −1, 0)

がある. 3 点 A, B, C を含む平面を T とする.

(1) 点 D から平面 T に下ろした垂線の足 H の座標を求めよ.

(2) 平面 T において, 3 点 A, B, C を通る円 S の中心の座標と半径を求めよ.

(3) 点 P が円 S の周上を動くとき, 線分 DP の長さが最小になる P の座標を求めよ.

(大阪市立大)

153. 座標空間において，原点 O を通り，ベクトル $\vec{u}=(1,\ 4,\ 1)$ に平行な直線を l，点 A$(0,\ 2,\ 1)$ を中心とする半径 1 の球面を S とする．直線 l と球面 S の交点のうち原点 O に近いものを P とおく．

(1) 点 P の座標を求めよ．

(2) ベクトル $\overrightarrow{PO}$ とベクトル $\overrightarrow{AP}$ の内積を求めよ．

(3) 線分 PO と線分 AP を含む平面上で，直線 AP に関して点 O と対称な点を R とする．このとき，ベクトル $\overrightarrow{PR}$ を求めよ．

(4) 直線 PR が xy 平面と交わる点の座標を求めよ．

（上智大）

154. *O を原点とする xyz 空間に 3 点 A$(1,\ 0,\ 0)$，T$(0,\ t,\ 0)$，B$(0,\ 0,\ 1)$ がある．直線 AT 上の点 P を，内積 $\overrightarrow{BP}\cdot\overrightarrow{AT}=-\dfrac{1}{2}$ を満たすようにとる．

(1) $\overrightarrow{OP}=s\overrightarrow{OT}+(1-s)\overrightarrow{OA}$ と表したとき，s を t を用いて表せ．

(2) P の座標を $(X,\ Y,\ 0)$ とするとき $X,\ Y$ を t を用いて表せ．

(3) t がすべての実数を動くとき，P の x 座標 X の範囲を求めよ．

(4) X と Y の間に成り立つ関係式を求め，xy 平面上に P の描く曲線を図示せよ．

（東京農工大）

第 14 章 | 複素数平面

155. $\alpha = \cos\dfrac{2}{5}\pi + i\sin\dfrac{2}{5}\pi$ とする.

(1) $1 + \alpha + \alpha^2 + \alpha^3 + \alpha^4 = 0$ を示せ.

(2) $u = \alpha + \alpha^4$, $v = \alpha^2 + \alpha^3$ とおくとき, $u+v$ と uv の値を求めよ.

(3) $\cos\dfrac{2}{5}\pi$ の値を求めよ.

(京都教育大)

156. $w = \sqrt{3}\,(1+i) + (1-i)$ について, 次の問に答えよ.

(1) w^2 を $a+bi$ $(a,\ b$ は実数$)$ の形で表せ.

(2) w を極形式で表せ. ただし, 偏角 θ は $0° \leqq \theta < 360°$ とする.

(3) 1 から 100 までの整数 n で, w^n が負の実数になるものをすべて求めよ.

(防衛大)

157.[*] 複素数 $z_1,\ z_2,\ z_3,\ \cdots$ を

$$z_1 = 1 + \frac{\sqrt{3}}{3}i, \quad z_{n+1} = (1 + \sqrt{3}\,i)z_n + 1 \quad (n = 1,\ 2,\ 3,\ \cdots)$$

によって定める. ただし, i は虚数単位である.

(1) z_n を n を用いて表せ.

(2) z_n の実部が 1000 以上となる最小の n を求めよ.

(大阪府立大)

158. a を実数とする，複素数平面上に2点 $\alpha=a+i$，$\beta=2+3i$ がある．点 α を点 β の周りに $90°$ 回転した点を γ とするとき，2点 β，γ と原点 O が同一直線上にあるときの a の値および γ を求めよ．

（大阪電気通信大）

159. 複素数平面において，三角形の頂点 O，A，B を表す複素数をそれぞれ 0，α，β とするとき，次の問に答えよ．

(1) 線分 OA の垂直二等分線上の点を表す複素数 z は，

$$\bar{\alpha}z+\alpha\bar{z}-\alpha\bar{\alpha}=0$$

を満たすことを示せ．

(2) △OAB の外心を表す複素数を α，$\bar{\alpha}$，β，$\bar{\beta}$ を用いて表せ．

(3) △OAB の外心を表す複素数が $\alpha+\beta$ となるときの $\dfrac{\beta}{\alpha}$ の値を求めよ．

（山形大）

160. 複素数平面上で，$A(\alpha)$，$B(\beta)$ は $\alpha^2+\beta^2=\alpha\beta$，$|\alpha-\beta|=3$ を満たす 0 と異なる複素数を表す点とする．

(1) $\dfrac{\alpha}{\beta}$ を求めよ．

(2) α の絶対値を求めよ．

(3) 原点 O と $A(\alpha)$，$B(\beta)$ を結んでできる △OAB の面積を求めよ．

（早稲田大）

161. (1)　z が虚数で $z+\dfrac{1}{z}$ が実数のとき $|z|$ の値 a を求めよ.

(2)　(1)で求めた a に対して，z が条件 $|z|=a$ を満たしながら動くとき，$w=(z+\sqrt{2}+\sqrt{2}\,i)^4$ の絶対値と偏角の動く範囲を求めよ.

（神戸大）

162. $\dfrac{z}{2}+\dfrac{1}{z}$ が 0 以上 2 以下の実数であるような複素数 $z(z\neq 0)$ を表す複素数平面上の点の集合を，式で表し，図示せよ.

（北海道大）

163. 複素数 z に対し，次の 2 つの条件を考える.

(A)　1, z^2, z^3 はすべて異なる.

(B)　1, z^2, z^3 は複素数平面上において一直線上にある.

(1)　条件(A)を満たさない複素数 z をすべて求めよ.

(2)　条件(A)，(B)をともに満たす z の範囲を求め，図示せよ.

（三重大）

164. -1 と異なる複素数 z に対し，複素数 w を $w=\dfrac{z}{z+1}$ で定めるとき，

(1) z が複素数平面の虚軸上を動くとき，w が描く図形を求めよ．

(2) z が複素数平面の円 $|z-1|=1$ 上を動くとき，w が描く図形を求めよ．

（新潟大）

165.* (1) 複素数 z が，$|z-1|=1$ を満たすとき，複素数平面上で $w=\dfrac{z-i}{z+i}$ によって定められる点 w の軌跡を図示せよ．

(2) (1)の w について，$iw+3i-4$ の偏角 θ の範囲を求めよ．ただし，$0°\leqq\theta<360°$ とする．

（早稲田大）